植物的利用

撰文/宋馥华　　　审订/郑武灿

中国盲文出版社

怎样使用《新视野学习百科》？

请带着好奇、快乐的心情，展开一趟丰富、有趣的学习旅程！

1 开始正式进入本书之前，请先戴上神奇的思考帽，从书名想一想，这本书可能会说些什么呢？

2 神奇的思考帽一共有6顶，每次戴上一顶，并根据帽子下的指示来动动脑。

3 接下来，进入目录，浏览一下，看看这本书的结构是什么，可以帮助你建立整体的概念。

4 现在，开始正式进行这本书的探索啰！本书共14个单元，循序渐进，系统地说明本书主要知识。

5 英语关键词：选取在日常生活中实用的相关英语单词，让你随时可以秀一下，也可以帮助上网找资料。

6 新视野学习单：各式各样的题目设计，帮助加深学习效果。

7 我想知道……：这本书也可以倒过来读呢！你可以从最后这个单元的各种问题，来学习本书的各种知识，让阅读和学习更有变化！

神奇的思考帽

客观地想一想

用直觉想一想

想一想优点

想一想缺点

想得越有创意越好

综合起来想一想

? 生活中有哪些事物与植物相关？

? 我最喜欢哪些植物加工做成的食品或用品？

? 为什么越来越多清洁剂强调采用植物成分？

? 用植物做家具有哪些缺点？

? 我可以用植物做什么？越特殊越好。

? 为什么植物是人类很珍贵的财富？

目录

 ■神奇的思考帽

植物利用与人类文明 06

粮食 08

蔬菜 10

水果 12

饮料 14

药材 16

香水、香精和香料 18

糖和发酵式调味料 20

纤维 22

植物油 24

漆与橡胶 26

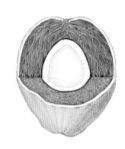

CONTENTS

建筑材料 28

节庆装饰 30

绿色能源 32

■英语关键词 34

■新视野学习单 36

■我想知道…… 38

■专栏

兼具美感和实用的竹子 07

完整的营养 09

蔬菜小盆景 10

为什么水果又香又甜 13

野外求生的救命饮水 15

不要小看药材的名称 17

焚香 19

味噌与豆腐乳 21

动手做手抄纸 23

为什么叫作肥皂 25

口香糖 27

人造木板 29

植物上街头 31

稻壳发电 33

植物利用与人类文明

古人说："民以食为天"，因此人类最早利用植物的方式就是把它当作食物。史前时代的人类以狩猎及采集为生，后来他们发现把谷物的种子种在土里，隔一段时间就可以采收，于是人类的文明就从1万年前开始进入农业生活。

🌿 发现植物的各种好处

当人类开始从事农耕之后，因为不用再花很多时间在寻找食物上，就有多余的闲暇来制造或者发明其他事物。除了生产食物以外，人类也利用植物来建造房屋、编织衣物和制造各种生活用品。人类还发现有些植物的药效可以医治疾病，而谷类或水果经过发酵可以酿酒。

随着文明的进步，人们开始在居家附近栽培一些具有香气或美丽花朵的

玉米原产于中南美洲，在17世纪才引入中国。因为生长快、营养价值高、贮存期长，所以被广泛种植。（图片提供/廖泰基工作室）

植物，用来观赏或让生活更加舒适。到这个时候，植物的利用已经与人类的衣食住行及休闲娱乐密不可分了。

公元前1500年左右，雅利安人来到印度北部，沿着河岸定居，利用河水灌溉种植稻米，展开农业生活。图前方的男子正在插秧，后方的妇女头上顶着采集的木柴，茅草屋前方还有堆放谷物的空地。当时有牛车和船只等木制的交通工具，衣物也以棉麻等植物为原料。（插画/王怡人）

月桂在古希腊的神话中是太阳神的圣树，奥林匹克竞赛的优胜者会得到月桂叶编织的头冠。干燥的月桂叶也是常使用的香料。

植物不仅可以制造氧气供人类呼吸，也可以调节温度和湿度，创造舒适的环境。

印尼巴塔克民族的传统建筑，用木材搭建，在屋顶铺上棕榈树的纤维。一群舞者头上戴着树叶，穿着传统棉制服饰，表演传统祭典的舞蹈。巴塔克人住在苏门答腊岛北方，有自己的文字，他们会把重要的事情记录在一片片相连的树皮上。

气，使地球的温度适合生存，有充分的氧气让人呼吸。大家可曾想过，如果地球没有了植物，将会是什么样子？

植物对世界的重要影响

植物对人类的影响还不只在日常生活！人类对香料的喜爱，促成了欧洲航海家的地理大发现，改写了许多民族的历史。工业革命以后，机器的生产与人们的生活都需要大量的能源，而煤、石油及天然气等重要的能源，也都是由几亿年前植物死亡后所形成的。

植物进行光合作用会吸收二氧化碳并放出氧

兼具美感和实用的竹子

苏东坡称赞竹子："宁可食无肉，不可居无竹。无肉令人瘦，无竹令人俗。"竹子是亚洲的代表植物，中国人不但广泛地将它应用在日常生活中，在文化和艺术方面也少不了它。我们的祖先用竹简记事，用竹管做成毛笔，还用竹子做成箫和笛，演奏悠扬的音乐。此外，竹子中空有节，笔直地向上生长，象征了虚心和有气节的高尚品德，因此文人雅士都对竹子十分推崇，经常在诗歌、文章和绘画中称赞它，或住在竹林旁修身养性呢！

人们以竹子的坚毅挺拔象征高尚的品德。

粮食

每位成人每日需2,500—3,000大卡的热量，来维持生理机能的正常运作，而粮食作物是人类最主要的热量来源。大部分粮食作物都属于禾本科，如稻米、小麦、玉米、高粱、小米等。这些谷物的种子主要成分是淀粉，淀粉可以被体内的消化系统分解，产生我们需要的热量。

除了种子，有一些植物的果实、根、茎等部位也含有大量淀粉，如芭蕉、甘薯、马铃薯、木薯或面包树等，都可以作为主食。

面包树原产于马来西亚和南太平洋岛屿，果实成熟后会散发面包的香味，是当地原住民的主食之一。

将麦类磨粉做成面包，是西方重要的食物。随着历史的发展，面包已经演变出许多种类。（摄影/李宪章）

小麦的嫩株鲜嫩多汁、营养价值很高，一般称为小麦草。

 ## 世界三大粮食作物

玉米是世界产量最多的粮食作物，约7,000年前由中南美洲的印第安人开始种植，一直是当地原住民的主要粮食。15世纪哥伦布发现美洲后，玉米才渐渐传至全世界。现在玉米在中南美洲和非洲仍是主食，欧美国家则大多将玉米作为饲料。

我们常吃的冬小麦是秋天播种，夏天收成。

1. 采收的稻谷（上图）要去掉粗糠，成为糙米。

碾下的粗糠

碾下来的米糠和胚芽

2. 糙米（上图）再碾去胚芽和米糠，才是我们常吃的白米。

3. 碾去胚芽和米糠的白米。

玉米的植株通常可以长到2—3米高。玉米可以直接煮食，也可以磨成玉米粉或做成玉米片。（插画/张文采）

采收的稻谷要经过多次碾米的程序，才会成为白米，但营养价值也少了许多。（图片提供/廖泰基工作室）

产量居次的粮食作物是小麦，也是人类最早种植的作物，约1万多年前西亚就开始种植。小麦的分布很广，可说是全球性的作物，把麦子磨成面粉后可用来做面包和各种面食。

产量第三的粮食作物是稻米，中国约在9,000年前开始种植。主要集中在亚洲的季风气候区，包括中国、印度和东南亚各国，虽然种植面积低于小麦，却供养了超过一半的世界人口，是人数众多的亚洲人的重要粮食。

完整的营养

通常稻和小麦在加工过程中，会除掉外层的种皮和胚芽的部分。这是因为外层的种皮口感不佳，而含有胚芽的谷粒容易变质、不易保存。因此如果你拿起一粒白米来看，会发现它缺了一角，就是少了胚芽的缘故。精制的白米和面粉只剩下淀粉，营养价值很低。近年来人们发现，糙米和全麦因为含有完整的外皮和胚芽，也含有较多的维生素B、维生素E、蛋白质、矿物质和纤维素。为了摄取更完整的营养，许多人已经改吃全谷类。

不仅稻米可以煮成米饭，小麦也可以煮成口感极佳的麦饭。

蔬菜

如果你以为我们平常吃的蔬菜，都只是植物的叶子，那可就错了。其实蔬菜可以供人类食用的部位有许多种，参考下列的图表，看看常吃的蔬菜属于哪一种。

黄花菜又称为萱草，我们平常吃的是它的花蕾。（图片提供/大溪花海农场）

蔬菜种类	主要蔬菜
根菜	萝卜、胡萝卜、甘薯
茎菜	马铃薯、洋葱、竹笋、莲藕、茭白
叶菜	甘蓝菜、白菜、菠菜、空心菜、莴苣
花菜	西兰花、花椰菜、黄花菜
果菜	茄果（茄科蔬菜，如番茄、茄子、青椒、辣椒等） 瓜果（葫芦科蔬菜，如丝瓜、冬瓜、南瓜、黄瓜等） 荚果（豆科蔬菜，如豌豆、四季豆、毛豆、花生等）
芽菜	绿豆芽、黄豆芽、苜蓿芽
食用菌类	香菇、洋菇、木耳

为什么要多吃蔬菜

几乎所有的蔬菜都含有丰富的纤维素，虽然不能被人体吸收，却可以刺激肠胃蠕动，帮助排便。另外，蔬菜含有人体所需的矿物质如钙、铁、钾和钠等，菠菜等叶菜类含量较多；蔬菜还含有维生素A、B_1、B_2及C，例如深绿和红黄色的蔬菜含有较多的维生素A，有益眼睛；豆类含有丰富的蛋白质，让不吃肉的人也能获得均衡的营养。有些蔬菜甚至还有抗癌的功用呢！

蔬菜小盆景

想买盆植物栽培，又怕照顾不好、浪费钱吗？你可以向妈妈要一些根茎类蔬菜，如甘薯、萝卜、马铃薯、蒜头或洋葱等，稍微清洗整理一下，放在装水的容器中，水的高度大约到根茎部位的1/3，每隔几天换上干净的清水。慢慢地，这些根茎就会长出细根吸水，并长出翠绿的嫩叶，甚至开花，放在窗边作为装饰。一般的根茎类都含有丰富的养分，可以提供生长所需的能量，不过如果想让蔬菜继续长大，还是要种在土里才行。

简易美观的蔬菜盆栽，也可以点缀窗边的风景！（插画/吴昭季）

蔬菜的加工

为了延长蔬菜的保存期限，人们发展出许多蔬菜的加工方式。传统的方法有腌渍蔬菜如酱瓜以及泡菜等。近年来还有脱水、冷冻及罐头蔬菜等加工蔬菜，例如方便面中所附的就是脱水蔬菜。值得注意的是，蔬菜中的某些维生素会在脱水和加热的过程中流失；急速冷冻比较能完整地保留蔬菜的营养和色香味。

过去人们经常在自家附近种植蔬菜，一块块的菜圃就像彩色的拼布画，只是现在都市中已经很难见到这种情景了。（摄影／李宪章）

将蔬菜以不同方式腌渍成酱菜，可以长期存放又能增加美味。（摄影／李宪章）

我们常吃的蔬菜取自植物不同的部位，多摄取不同种类的蔬菜，可以让我们获得更均衡的营养。（插画／彭琇雯）

丝瓜（瓜果类）

番茄（茄果类）　豌豆（荚果类）

小白菜（叶菜类）　花椰菜（花菜类）　甘薯（根菜类）　马铃薯（茎菜类）

水果

某些植物的果实酸甜适中、多肉而美味可口，因为这些果实含有很高的水分，像苹果和柳橙含有大约85%的水分，香蕉也大约有70%的含水量，一般通称为水果。

秋天收成的柿子经过曝晒或烘烤的过程，就能制成甜美的柿饼。（摄影/张君豪）

水果的生产

人类很早就懂得采集果实食用，而中国在3,000多年前就开始栽培果树，梨树是其中一种，有"果树祖宗"之称。

南太平洋小岛上的妇女，头顶一篮新鲜的水果。

目前世界上产量最多的水果是柑橘类，包括橘子、柳橙等等，主要提供鲜食及榨汁。产量第二的是葡萄，除了鲜食之外，主要用来酿造葡萄酒。第三、第四名则分别是香蕉及苹果，许多热带国家还以香蕉作为粮食。

多吃水果身体好

西方有句谚语："每天一颗苹果，可以远离医生。"可见吃水果的确有益健康！

水果普遍含有大量的糖类和纤维素，可以提供能量和帮助排泄。除此之外，水果是维生素C和A的主要来源，例如柑橘类含有丰富的维生素C。有些水果还含有维持人体健康必需的铁、钾、锌、锰等矿物质，例如苹果、番石榴等都含有铁质，可以帮助血红素的合成。

新鲜的水果最能保持营养美味，不过近年来水果的加工食品也愈来愈多，例如果汁、果酱、水果干，或是经过腌渍的蜜饯等。

酸中带甜的梅子具有生津止渴和促进食欲的功能，是常用来腌渍做成蜜饯的水果。

热带水果红毛丹是东南亚特产，外表有细长的软刺。

为什么水果又香又甜

水果又香又甜，不要烹调就很美味呢！水果含有丰富的糖类，包括葡萄糖、果糖和蔗糖3种，其中果糖最甜，而水果含有比其他食物更多的果糖，所以尝起来比较甜。当水果快成熟时，有机酸就会变成糖类，因此既减少酸味、又增加甜度；而芳香物质的出现，更是增加了诱人的香味。

葡萄藤上长满了一串串成熟的葡萄。

常见的水果分类		
水果分类	代表性的水果	主要的特色
一、单生果		
核果类	桃、李、樱桃、荔枝、枣、龙眼、芒果	果实中有一个大而坚硬的果核。
浆果类	葡萄、蓝莓、奇异果、百香果、木瓜、香蕉、火龙果、莲雾、番石榴、杨桃	果肉柔软多汁，种子小而数目多。
瓜果类	西瓜、哈密瓜、洋香瓜	果皮成熟时形成坚硬的外壳，果肉甜美多汁。
仁果类	苹果、梨、枇杷	肥厚的果肉是由花托或花萼形成的假果，中间有雌蕊形成的硬质果核，内含数颗种子。
柑橘类	柳橙、橘子、柠檬、柚子、金桔	多汁的果肉分为一瓣瓣，厚质的果皮有很多油囊。
二、聚生果	草莓、释迦	一朵花内有数个雌蕊，每个雌蕊独立发育成一个果实，果实聚集生长在一起。
三、多花果	凤梨、桑葚、无花果	果实由许多花或整个花序一起发育而成，每一朵花长成一个小果。

饮料

植物不但为我们提供各种食物，也是许多饮料的原料呢！

酒

酒的历史起源很早，史前人类就已经懂得酿酒。3,000多年前的中国商朝也留下许多制作精美的青铜酒器。

酿酒的过程是在谷物或果汁中加入酒曲或酵母菌，发酵后就会产生酒精。谷类酿酒中最常见的啤酒是以大麦或小麦为原料。葡萄中含有大量葡萄糖，是酵母菌的最爱，所以容易发酵，是水果酒最主要的原料。

各种口味的水果酒是用水果发酵而成的。（摄影/李宪章）

绿茶（上）和红茶（下）的茶汤颜色不同。

啤酒的酿造在德国有悠久的历史，是德国人生活中不可或缺的饮料。（摄影/萧淑美）

茶

茶树原产中国，唐朝时陆羽撰写《茶经》，说明制茶和饮茶的方法。当时到中国学佛的日本僧人返乡时，将茶籽带回种植，日本也因此发展出特有的茶道。

16世纪葡萄牙人将茶叶引进欧洲，但是不会种植，直到19世纪，英国人才在殖民地印度大量种植，制成红茶销售。

茶树喜欢生长在温暖潮湿、云雾环绕的山坡地。采收下的茶叶经过曝晒后，还要经过复杂的步骤才能制成茶叶。（图片提供/廖泰基工作室）

茶叶的种类繁多，不经发酵的是绿茶，发酵完全的是红茶，而乌龙茶则是部分发酵。

咖啡和可可

"咖啡"一词出自阿拉伯语，距今2,000多年前阿拉伯人就已经种植咖啡，不过当时是用来咀嚼。咖啡豆是咖啡树的种子，必须经过去皮、干燥及烘焙、研磨等过程，才能在冲煮时产生特有的风味。

咖啡已是全球性的饮料，但各地的喝法与冲泡方式仍有所不同。图为土耳其式的咖啡。（图片提供/维基百科，摄影/Etan Tal）

可可豆是可可树的种子，原产于中美洲，由玛雅人制成饮料。可可豆的脂肪含量高，就算磨成粉也不易溶解。19世纪发明脂肪分离法后，才使可可粉容易冲泡，或将可可粉加上牛奶、糖、可可脂做成巧克力。

咖啡树的红色果实，每颗含有2颗咖啡豆。咖啡豆内含的咖啡因会刺激中枢神经。（图片提供/廖泰基工作室）

野外求生的救命饮水

有些植物能够将水分集中储存，例如坚硬的椰子中含有甜美的椰子汁；竹子如果有水分储藏在竹节中，摇晃时就可以听见水声；旅人蕉汤匙状的叶柄可以储藏水分，切开就会流出许多水；仙人掌有肥厚的茎可以储存水分，也会长出多汁的浆果。认识一下这些植物，也许会派上用场呢！

可可树的果实生长在树干上，每一颗果实包含数十颗可可豆。（插画/张文采）

仔细看旅人蕉的叶柄，旅人蕉在这里储藏了许多水分。（摄影/许元真）

药材

你有没有注意到，"药"这个字的部首是"草"部，可见治疗疾病跟植物一直有很密切的关系。

不只神农尝百草

中国古代的神农氏以自己做实验，发现有些植物吃了可以保养身体、有些能够治病，不过有些却会让人中毒甚至致命。大约在西汉撰写的《神农本草经》，是中国最早的一部药书，其中共记录了250多种植物。到了明代，李时珍撰写《本草纲目》，是中国非常重要的药书，里面将1,000多种植物分类，并详细记载它们的药效。

银杏叶的萃取物被西医用来治疗老年疾病，银杏的果实——白果，则是中医用来治疗咳嗽的药材。（图片提供/廖泰基工作室）

除了中国，其他文明古国也都很早就使用植物药材，例如印度的古医书《阿育吠陀》，详细记录许多植物的疗法；2,000多年前古希腊的医

欧洲中世纪修道院设有药草房，修士处理药材时也记录下不同药材的特性。刚摘回来的新鲜药草挂在窗边风干，抽屉里则装满已经处理好的药草。（插画/邱静怡）

生狄奥斯科里德斯，写下地中海沿岸600多种植物的药方。到了中世纪，欧洲的僧侣也研究整理各种药草的知识，修道院中还有种植药草的庭园。

中药店的柜台后方，每个瓷罐和抽屉装了不同的药材。药店老板要熟记各种药材的位置和特性。（图片提供/廖泰基工作室）

不要小看药材的名称

从植物药材名称可以看出哪些玄机？

药材形态：

如七叶一枝花、八角茴香。

八角茴香

药材颜色：

如红花、黄连、玄参。

药材气味或味道：

如丁香、五味子。

药用部位：

如白茅根、金银花。

产地：

如川贝母、吉林人参、淮山药。

生长的季节：

如夏枯草、忍冬藤。

药效：

如泽泻、决明子。

山药是一种食用植物，能滋补和帮助消化。（图片提供/廖泰基工作室）

怎样做药

每种药用植物都有适合做药的部位，例如川贝枇杷膏主要是用枇杷叶和川贝母的鳞茎制成；而一种植物的不同部位也有不同的功效，例如橘子的果皮（陈皮）能够止咳化痰，种子（橘核）能够消肿止痛。

此外，植物的采收时节和制作过程也会影响药效，例如新鲜芦荟的叶肉可以滋润皮肤，煮熟的芦荟则可以调整血糖和血压。

植物制成药材的方法很多，例如直接取用、干燥，或做成切片、药丸或药粉。许多西药也含有天然植物的成分，例如治疗疟疾的奎宁是取自金鸡纳树的树皮。

毛地黄是含有剧毒的植物，却能制成治疗心力衰竭的药。（图片提供/廖泰基工作室）

香水、香精和香料

人类很早就注意到植物的香味，最初是用于宗教仪式或尸体的保存，后来也广泛地应用在生活中。目前全世界大约发现1,500多种芳香植物。

芳香植物的香味来自特殊腺细胞所分泌的精油，遇热时会挥发到空气中；花朵

为了萃取1公斤玫瑰精油，需要2,000公斤的玫瑰花瓣。正因为如此，玫瑰精油的价格在国际市场上比黄金还要高。

用蒸馏法提炼精油的过程。
（插画/费佳凡）

2. 水蒸气分子和精油分子经过冷凝器时，温度下降，分别凝结成水和精油。

冷凝器

蒸馏塔

油水分离器   精油

1. 把植物放入蒸馏塔中，让水蒸气不断由下方进入，高温的水蒸气分子可以将植物中的精油分子带出。

3. 因为精油的密度小于水，会浮在水的上方，所以只要提取油水分离器上层的精油就可以了。

是最常拥有腺细胞的部位，可以吸引昆虫来授粉；其他如果实、茎、根等，甚至植物全株都可能具有腺细胞，如薄荷、迷迭香等。

增加生活的香味

有些芳香植物主要的用途是提炼精油，制作成香水或香精。全世界用量最大的精油生产原料是玫瑰，以保加利亚的玫瑰谷出产的玫瑰最有名。香水往往是混合数种精油，以适当的比例调配制成。香精的用途很广，可以掺进糕饼、饮料等食品中；也能添加在牙膏、香皂等用品中，或是制成薄荷油等药品。

除了芬芳的香味，精油也具有疗效，芳香疗法早在古埃及就已出现，近来又流行起来。忙碌的现代人可以利用精油的天

然疗效来放松心情、调养身体。

不过不是每种精油都是芳香怡人的，例如樟树和香茅提炼出的精油含有刺激的味道，却具有防虫的功效。

薰衣草原产于地中海沿岸，早在罗马时代就有富贵人家使用薰衣草入浴。薰衣草精油具有安抚情绪、安眠、促进食欲、止痛、消炎、驱虫等功效。（摄影/李宪章）

令人食指大动的香料

有些芳香植物的主要用途是增添料理的香味，一般称为香料。中国人常用的香料有姜、葱、蒜、香菜、花椒等；印度人

罗勒是地中海料理常用的调味料。

则善于混合姜黄、肉桂、茴香、丁香、豆蔻、黑胡椒等制作咖喱酱；南欧人喜欢用罗勒、迷迭香、薄荷和鼠尾草等香料调味；日本人吃生鱼片时搭配山葵酱，不仅增加美味，还能杀菌呢！

姜农采收嫩姜的场景，嫩姜通常在5月底到10月间采收。味道辛辣的姜是香料也是药材，具有暖身的作用。（摄影/李宪章）

焚香

人类很早就发现焚香能够净化空气并平静思绪，在宗教场合和祭祀中使用更能增加庄严肃穆的气氛。常用的香品中以檀香和沉香最为名贵。

檀香的树心香气浓烈，根部也具有香气。沉香是含有珍贵树脂的木材，沉香属的树木因为比水重，放进水里就会沉下去，因此而得名。檀香和沉香的木材也常被用来雕刻或制作高级家具。香品的制作则要先将木材制成香粉，再将香粉沾黏在细竹枝上，晒干以后才能点燃。

沾染香粉的技巧，需要制香师傅多年的经验。（图片提供/廖泰基工作室）

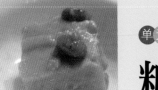

糖和发酵式调味料

中国人的开门七件事"柴、米、油、盐、酱、醋、茶",其中酱、醋就占了两项。许多人喜爱吃甜食,甜食中甜味的来源主要是糖。你知道它们是怎么制成的吗?

各种加工后的蔗糖:冰糖及白糖纯度最高,浅棕色的砂糖则含有少量矿物质;红糖没有经过精制加工和漂白,所以颜色很深,但保有较多的维生素及矿物质。(摄影/张君豪)

生长在北美的糖枫树,在冬季结束时可以采收汁液制造枫糖浆。加拿大的魁北克省是全世界枫糖产量最多的地方。

甜甜蜜蜜

自然界中有很多种糖,以蔗糖最常见,它不只存在于甘蔗,也可以从甜菜、糖枫树和甜高粱中产生。其次是果糖,通常从西瓜、葡萄等含糖量高的水果中提炼,它的甜度是蔗糖的1.5倍。早在2,000多年前,印度人就已经使用甘蔗制糖,甜菜制糖则到18世纪才由德国化学家发明。甘蔗是全世界最主要的制糖原料,其次为甜菜。

甘蔗是一种高大的禾本科植物,可以长到3—6米,分布在热带和亚热带地区,全世界甘蔗产量最多的国家分别是巴西、印度和中国。(摄影/李宪章)

发酵的滋味

常见的酱油、醋,还有豆瓣酱、甜面酱和味噌等,这些风味独特的调味料都有共同的特点,就是需要经过微生物的发酵作用来制造。

酱油主要是以大豆、小麦、食盐及水为原料,由曲菌分解大豆中的蛋白质,经过发酵而酿成。

醋是在含有淀粉、糖类或酒精的原料中,加入醋酸菌,经过发酵产生醋酸后,过滤而制成。一些谷类、水果、甘薯,或以谷类酿造的酒或酒糟都能用来酿醋。以水果酿成的水果醋，含有特别的香味，除了作为调味料，近年来还变成一种饮料。

　　豆瓣酱是由大豆发酵制成，而甜面酱的原料主要是面粉。发酵作用的神奇魔法，把各种原料变成截然不同的滋味。

味噌与豆腐乳

　　味噌与豆腐乳这两种常见的调味料，都是以大豆为原料！

　　味噌是用大豆加上盐和曲菌发酵而成，种类很多，可以依照曲菌的原料，分为米味噌、麦味噌和豆味噌三大类；或是根据盐和曲菌的比例多寡，分为偏咸或偏甜的口味。

　　豆腐乳也有多种口味，先用大豆制成豆腐，加上红曲发酵就成为红豆腐乳，加上毛霉菌发酵就成为黄豆腐乳。发酵的过程会将豆腐里的成分分解，加上盐腌制后，就形成一种风味特殊而且可以存放很久的调味食品。

大豆的植株。目前大豆产量最多的国家是美国、巴西和阿根廷。（插画/张文采）

以黄豆为原料的白味噌和以米为原料的红味噌。（摄影/许元真）

水果醋和米醋的发酵过程（插画/费佳凡）

发酵成为酒

葡萄　　酵母菌　　　　　　　　　醋酸菌　　水果醋

葡萄加入酵母菌发酵、产生酒精后，再加入醋酸菌发酵，就成为水果醋。

白米　　蒸煮　　曲菌　　米曲加水　　酵母菌　发酵成为米酒　加入醋酸菌　米醋

白米高温蒸煮以后加入曲菌，米曲加水经过酵母菌发酵，产生酒精，再加入醋酸菌发酵成为米醋。

单元9

纤维

植物的细胞壁合成了许多纤维素，由60—70个纤维素分子组成一束微纤维丝，再由数百条微纤维丝组成一条纤维，可见植物的纤维是多么地强韧！

植物可以取用纤维的部位	
部位	常用植物纤维
茎(主要是韧皮)	亚麻、苎麻、大麻、黄麻、树皮、竹、藤、芒草、蔺草
叶(主要是叶脉)	琼麻、剑麻、虎尾兰、蕉麻
种子和果实	草棉、木棉、椰子、丝瓜

 ## 纺织和编织

人类最早是用麻来织布，埃及人在5,000年前就已经种植亚麻，并用亚麻布包裹木乃伊；而中国6,000多年前的半坡陶器

上，也发现苎麻织品的印纹。

棉花是目前产量最大的天然纺织纤维，专指草棉等棉属植物的种子；木棉树的种子也有棉絮，但不适合纺织，而是用来填充枕头等。棉花、亚麻和苎麻的材质都很柔软、透气，适合制作衣服、床单等。

除了纺织外，植物纤维在生活中也

左图：亚麻的植株。由亚麻茎的纤维制造的布料清爽透气，适合做成夏季衣物。（插画/张文采）

右图：棉花的植株。棉絮是指棉花种子外的纤维毛。

棉絮

纸草是一种生长在水边的植物，埃及人将纸草茎的髓切成薄片后，纵横排列成适当的尺寸，然后铺上亚麻布用木槌敲打吸去水分，最后再用石块重压，就成为一张密合的纸了。（插画/邱静怡）

有其他应用。例如琼麻和黄麻的纤维比较粗硬，可以制成结实的绳索；竹子和藤具有弹性，可以编成各种样式的容器，以及桌、椅等家具。

造纸

4,000多年前，古埃及人把纸草茎切成薄片，排列后压干，这种纸草纸是古埃及、希腊及罗马的主要书写材料。不过一直到公元105年，东汉蔡伦用树皮、鱼网、麻头及破布造纸，才是首度将植物纤维打碎，再重新组合的制纸方法。

目前全世界90%以上的纸浆是用木材作原料，若制作特殊用途的纸张，如钞票、描图纸，就要加入棉、麻、竹子等纤维来增加强度，而宣纸是用楮树皮制成的。为了减少木材的砍伐，世界各国积极推动废纸回收，做成不需要砍伐原木的再生纸。

动手做手抄纸

面纸、餐巾纸用完了就丢掉？实在太可惜了！来，把它们变成漂亮又有香味的手抄纸。（插画/陈志伟）

1. 把用过的纸张撕碎放入水盆，加入3倍的温水，静置一天。
2. 加入一小瓶盖的胶水以及一大杯热水，充分搅拌成为纸浆。
3. 在面粉筛或绢印网框（美术用品商店有售）的网上，铺上花瓣或茶叶，一起慢慢浸入纸浆中，轻轻摇晃，直到网上均匀地覆盖一层纸浆。
4. 慢慢取出筛网，放在干抹布上，再用另一条干抹布平压纸浆，尽量将水挤出。
5. 一手托住纸浆，将筛网反过来，另一手轻轻将纸浆拍打脱离筛网。

6. 在纸浆上下铺上白报纸，然后以重物压住阴干。
7. 手抄纸现身！保证绝无相同的第二张，用来做卡片、书签送人，最有心意！

植物油

种子萌发时需要很多的养分，植物为了让种子能顺利发芽，运送很多养分到种子或果实中。这些储藏的养分大部分是淀粉，然而有些植物会将淀粉转化为油脂储存，当人们压榨这类种子或果实的时候，便可以得到植物油了。

目前世界上产量最多的油料作物是大豆和油棕榈，其他还有油菜、向日葵、花生、胡麻、橄榄、棉籽等。

古希腊人采收油橄榄的情形。油橄榄原产于地中海沿岸，被古希腊人认为是神明赠送的礼物。古希腊人不仅用橄榄油来烹调，也用来涂抹身体、点灯和治疗疾病。（插画/张文采）

鳄梨油

鳄梨原产于中南美洲，鳄梨油质感滋润，除了食用，也可以作为保养品的成分。（摄影/许元真）

🌿 兼顾美味与健康

植物油最主要的功能是作为食用油，除了用来烹饪或调味，也可以做成人造奶油或是烘培用的起酥油。

和动物油相比，植物油不含胆固醇，而且不饱和脂肪酸的比例通常比较高，可以降低血液中的脂肪，降低心血管疾病的风险。植物油也是脂溶性维生素的摄取来源，如葵花油、橄榄油和小麦胚芽油等，就含有可以抗氧化的维生素E。

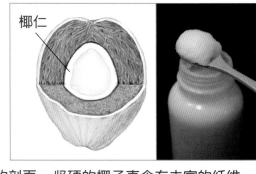

椰仁

椰子的剖面。坚硬的椰子壳含有丰富的纤维，内部白色的果肉称为椰仁，可以榨取椰子油。椰子油（右图）含有较多的饱和脂肪酸，在低温时会凝结成固体。（插画/张文采）

令人容光焕发的植物油

植物油的滋润特性用在美容和身体保养上，可以防止皮肤或头发干燥。杏仁油和荷荷巴油因为渗透力良好，容易被皮肤吸收，很适合作按摩油。

清洁用品也可以利用植物油制造。肥皂是油脂与碱性物质混合做成的，其中的脂肪酸分子可以抓住油污，而碱性物质可以与水结合，因此可以洗去污垢。植物油做成的肥皂比较不容易干裂，像椰子油和棕榈油都是常用的原料。

现在市售清洁用品的原料大多来自石油化学制品，洗净力愈强对于人体和环境可能造成的危害就愈大。因此，近年来愈来愈多的洗发精、洗洁精和洗衣粉等，采用植物成分，不仅不会对人体造成伤害，也能够被自然环境分解。

为什么叫作肥皂

中国人很早就发现一种称为皂荚的植物，它的果实含有天然的皂素，捣碎以后加水就有去污的效果。肉多肥厚的皂荚清洁效果特别好，所以称为"肥皂"。这个名称就沿用到我们现在用来清洁身体和衣物的工业产品，但是两者的制作方法完全不同。

皂荚的叶子特写。（摄影/陈应钦）

盛开的向日葵田。向日葵的果实是压榨葵花油的原料。

这些植物油在哪个国家被用得最多？

植物油种类	食用最多的国家	占全世界用量比例
大豆油	美国	28.10%
棕榈油	印度	24.20%
油菜和芥菜油	中国	28.00%
葵花油	俄罗斯	16.25%
花生油	中国	36.22%
棉花籽油	智利	24.29%
橄榄油	意大利	30.46%
椰子油	印度	21.15%
玉米胚芽油	美国	23.30%
米糠油	印度	78.13%
芝麻油	中国	31.39%

漆与橡胶

有些植物为了防止病原菌由伤口侵入，所以发展出一些管腺组织，可以分泌乳汁或胶液，在受伤时便会流出覆盖伤口。人们很早便发现这些树的汁液可以当作黏着剂，例如阿拉伯树胶是一种水溶性树胶，在工业上应用很广，不但可以添加在食品中，也用来制造药品和化妆品。不过，它们的用途可不只这些！

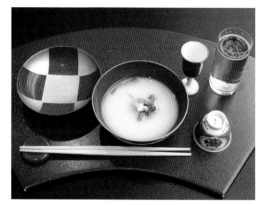

上过漆的食器，不仅颜色美观，还有防潮、耐高温、耐腐蚀等优点。（摄影/李宪章）

 ## 漆

漆是取自漆树的汁液，"漆"字在《说文解字》上的解释是：在树木上插两把刀后，就有水流出来。采漆时，人们用刀在树皮上割划，再收取流出的漆液。当太阳出来后漆液会变稠而且流量变少，所以一般割取的时间在深夜或清晨。

从漆树取得的漆，现在主要用来制作美观的漆器，使器物耐高温且富有光泽。漆树原产于中国，早在7,000年前的浙江河姆渡文化，就出现了朱红色的漆碗，可以说是世界上最早使用漆的民族。漆器的艺术从中国流传到日本后，也在生活中应用得十分广泛。

漆树生长在温暖多雨地区，从漆树取出的生漆经过调制，就成为漆，是天然的涂料。（摄影/沈竞辰）

口香糖

你以为只有现代人才会嚼口香糖吗？考古学家发现古希腊人就已经有咀嚼树胶以保持牙齿清洁的习惯。中美洲的玛雅人则是咀嚼一种取自人心果树的树胶，1850年一位墨西哥将军把这种树胶带到美国，美国人就用树胶添加糖及香精来贩卖，也就是最早的口香糖。后来为了方便携带，把口香糖压成长条形再用纸包装。口香糖的生产最初都用人心果树的树胶，但是因为原料供不应求，现在已经被其他天然或合成的树胶取代。

早在哥伦布发现新大陆前，中南美洲的印第安人就已经懂得割取和制造橡胶，他们也是最早会玩橡胶球的民族。西班牙探险家第一次看到会弹跳的橡胶球，因此惊讶不已。（插画/王怡人）

 ## 橡胶

橡胶树的白色汁液称为乳胶，遇到氧气会凝固，可制成具有弹性的天然橡胶。据说亚马孙河流域的原住民懂得将乳胶涂在脚上，凝固后就成了一双橡胶靴子。1770年有位英国化学家发现橡胶可以擦拭铅笔的字迹，因此发明橡皮擦。1888年汽车轮胎的发明，使天然橡胶的需求量大增。不过由于橡胶树汁的浓度会受到季节的影响，已逐渐被人造橡胶取代。

目前天然橡胶的生产有一半是供应轮胎的制造。日常的运动用品中也有橡胶的踪迹，例如篮球内部的充气球胆就是用橡胶制成。（插画/陈志伟）

建筑材料

自古以来，人们除了采用土、石等材料，也常取用植物来建造房屋。古埃及人把尼罗河边的芦苇和莎草，捆绑成一束束来搭建草屋；南美洲最大的湖泊——的的喀喀湖，有一群生活在湖上的印第安民族，不但用当地盛产的芦苇来建房子、出入乘坐芦苇船，而且住在用芦苇做成的浮岛上。亚洲盛产稻米的地区，从前常用稻秆铺屋顶，或将稻秆混入泥里制成土砖。用稻秆铺的屋顶虽然不够坚固耐久，但因容易取得，所以可以常常替换更新。

19世纪钢筋混凝土发明之后，成为兴建高层建筑的主要材料，不过植物仍然没有从人们的住屋中消失，其中以木材最多，竹材居次。

南美洲的的喀喀湖的芦苇浮岛，是当地印第安民族为了躲避西班牙殖民者的统治而建造的。（图片提供/廖泰基工作室）

建于1300年的挪威木造教堂，是模仿维京船只的造型。北欧建筑陡峭的屋顶可以让冬天的积雪自然滑落。

木材

中国与日本的宫殿和寺庙等建筑，都以木材建造的技术闻名；木造的平房在北欧、北美也十分常见。在红砖或石材的建筑中，木材则常作为横梁和屋顶支架；在现代化建筑中，木材也常是地板、门窗和装潢的材料。天然木材除了美观以外，也具有抗震、隔热、吸音等优点，还能调节室内环境的温、湿

传统日式建筑注重天然素材，以原木作为梁柱，地上铺着灯芯草制的榻榻米，门窗也都糊上棉纸。（摄影/李宪章）

度。生长在寒冷地区的针叶树材容易切割加工，适合搭建房屋；而阔叶树的材质坚硬，色泽和花纹多变化，可以加工制作家具和装潢材料。

人造木板

　　天然森林的面积逐渐减少，但是全球对于木材的需求却越来越多，因此人造合成的木板便逐渐取代原木。人造木板有许多种，常见的夹板是将3、5或7层不同种类的薄木板重叠；木芯板是把许多长木条并排，具有坚固、不易变形的特点。

　　另外，还有将废弃的木料打成碎屑、加入胶合剂，经过高温高压制成价格较低廉的人造木板。这些人造木板只要在表面贴上一层薄薄的木皮，就可以产生跟原木相似的质感。

马来西亚的水上木造房屋。（摄影/李宪章）

 ## 竹材

　　竹子拥有坚硬的茎干，内部中空，容易裁切，是十分轻便的建筑材料，从前大楼施工时常用竹子搭建脚手架。在气候炎热潮湿的东南亚，竹林生长茂密，利用竹子建造高脚屋，不但可以远离地面的虫、蛇，还很透气通风。云南一带的傣族人利用山区盛产的竹子兴建高脚竹楼，成为当地的特色。

松树是针叶树的一种，木质较软，颜色较浅。其中原产于北欧的欧洲赤松，笔直的树干可以长到30米高，常作为建造房屋的材料。

樱桃树是落叶性的阔叶木，原产于欧洲和亚洲西部。红棕色的樱桃木是常见的家具和装潢木板原料。（插画/张文采）

松树　　　　樱桃树

节庆装饰

人类很早就利用当季或有特殊含义的植物，为节庆增加气氛。2,000年前的西汉文人刘歆写下宫中过重阳节的情景："九月九日佩茱萸，食蓬饵，饮菊花酒。"其中有茱萸、菊花，而蓬饵是一种花糕。近年来人们生活富裕，节庆时更会采买各种应景的装饰植物。

在秋天成熟的南瓜，在美国成为万圣节的象征。

节庆中以花朵装饰头部的波兰少女。

右下图：圣诞节是基督教最重要的宗教节日之一，挂上饰品的圣诞树，不论在室内或户外都能装点节庆气氛。（摄影/李宪章）

 西方的节庆植物

有些植物的生长时间刚好遇上节庆，就成了应景植物。圣诞节时在欧美正值隆冬，大地一片雪白，终年常绿的针叶树就成了圣诞树，而红果绿叶的冬青则被作为花环，12月开花的一品红更带有节庆气氛。至于10月31日的万圣节，在古代西欧是以萝卜做鬼灯，欧洲移民到了美国后，发现美国秋天盛产南瓜，才改用南瓜作装饰。

西方人赋予某些花朵特殊的含义，例如母亲节的发起人用康乃馨来纪念她的母亲，因为那是她母亲最喜欢的

花；复活节时，基督徒以白色的百合象征耶稣的纯洁和神圣；情人节时人们喜欢用代表爱情的玫瑰花表达心意。

中国的吉祥植物

　　中国人常用植物来讨吉祥，无论是植物的特性、植物的名称、谐音或是相关的传说，都能联想到好兆头。

　　农历新年时，当季开花的水仙有个神仙回报好心人的传说，而菊花、金桔和"吉"谐音，都是常见的摆饰。

　　婚礼中，植物也可以用来表达大家对新人的祝福：石榴的果实多籽，意味着"多子多孙"；百合则是祝福新

水仙是中国传统的观赏植物，也是过年的应景花卉。（摄影/萧淑美）

农历五月的端午节正当天气转热、蚊虫滋生，在门上悬挂艾草、菖蒲和榕叶，民间认为有辟邪功效。（图片提供/廖泰基工作室）

人"百年好合"。

　　除了吉祥的含义，有些节庆植物是用来辟邪驱疫，例如端午节时挂在门口的艾草和菖蒲。

荷兰豪斯登堡的花车游行，覆满花卉的车辆传达愉快的节庆气氛。（摄影/李宪章）

植物上街头

　　除了摆饰，植物也上街头做秀呢！许多西方国家初春时举办嘉年华会，一辆接一辆插满花朵的主题车开在街道上，供人们观赏，车上的游行人员也不断撒下花瓣。一些西班牙的小镇在庆祝圣体节时，会以五颜六色的花卉在街道上排成各种图案，让游行队伍在香花地毯上通过。

　　另外，日本京都三大庆典之一的葵祭，原本称为"贺茂祭"，因为游行人员、动物和牛车都以葵叶装饰，所以改称为葵祭。

绿色能源

　　现在人类使用的能源中，有90%以上是煤、石油、天然气等化石燃料，这些都是数亿年前的动、植物埋在地下，经过长时间的化学作用和高温、高压形成的。由于化石能源的数量有限，寻找可再生的新能源就成了全世界关心的问题。

　　植物是地球上唯一可以捕捉太阳能，并加以转化和储存的生物。科学家已经找到许多方法，将植物体的能量转化成热能和电力。

木材是一种历史悠久的燃料。将木材在炭窑中闷烧，使水分和其他有机物质挥发。木材烧成炭后，火力更强，更容易燃烧。（图片提供/廖泰基工作室）

从植物中转换的绿色能源。
（插画/吴昭季）

甜菜　　甘蔗　　大豆　　枯枝落叶

沼气

油菜

酒精

生物柴油

发电厂

小客车　　大客车

1.甘蔗和甜菜等含糖量高的植物可以发酵成酒精，成为汽车的燃料。

2.大豆、油菜等植物油制成的生物柴油，可以成为大客车或卡车的燃料。

3.由枯枝落叶发酵得到的沼气，可以发电或直接作为燃料。

发动汽车的燃料

　　玉米、甜菜和甘蔗等含糖量高的植物，可以利用发酵作用产生酒精。世界上最大的甘蔗种植国巴西，每年生产的酒精超过1,000万吨，加在汽车燃料中已经有数十年历史。目前巴西有200多万辆汽车完全使用酒精作燃料，可以大幅减少石油燃料造成的空气污染。

植物的油脂或食用油，还能转化成生物柴油。这种生物柴油添加在一般柴油中，就可以降低二氧化碳的排放量。各国也都利用产量最多的油料作物来生产，例如美国主要以大豆为原料，欧盟国家则是以油菜为主，其中德国是使用生物柴油最广泛的国家。

油菜的种子在欧洲和亚洲都是重要的榨油原料。在欧洲，种植最广的德国积极推动以油菜籽油作为燃料，仅2003年就在加油站卖出8亿升的油菜柴油。

来自瑞典Koenigsegg车厂的超级跑车CCX，便是使用生物汽油E85（85%乙醇，15%汽油），0到100公里只要2.9秒，极速可达每小时400公里。（图片提供/GFDL，摄影/Fpm）

利用植物产生电力

枯枝落叶和甘蔗渣等有机废弃物，可以经过发酵产生沼气来发电，而生长快速的植物也可以作为燃料来发电。此外专家研究发现，植物中的物质流动会产生0.8—1.2伏特的微量电流，如果能有效取得，将会是新的电力来源。由于植物可以继续生长，因此作为发电和产生动力的原料，能够使地球资源可持续发展。

稻壳发电

你知道吗，2001年的世界稻米生产量接近6亿吨，其中不能食用的稻壳占了稻谷重量的1/5。从前这些稻壳除了用来当堆肥或燃料外，大都只能烧毁或丢弃，不但会污染空气，而且浪费资源。近几年来稻壳发电的技术开始受到重视，让稻壳在氧气不足的情

堆在稻田中，预备作为堆肥的稻壳。其实废弃的稻壳也可以用来发电。（图片提供/廖泰基工作室）

况下燃烧，产生可燃性气体来进行发电。发电后剩余的稻壳灰烬，还可以制成肥料回到稻田，或是压缩制成无烟炭。目前，中国、泰国等主要稻米生产国，已经纷纷制订稻壳发电的规划。

英语关键词

谷物	Crop	
小麦	Wheat	
米，饭	Rice	
玉米	Corn	
蔬菜	Vegetable	
花椰菜	Broccoli	
番茄	Tomato	
马铃薯	Potato	
菠菜	Spinach	
水果	Fruit	
柑橘	Orange	
葡萄	Grape	
香蕉	Banana	
苹果	Apple	
莓子，浆果	Berry	

饮料	Drink
水果酒	Wine
茶	Tea
咖啡	Coffee
可可	Cocoa
药草	Herb
香水	Perfume
玫瑰	Rose
薄荷	Mint
精油	Essence oil
香料	Spice
姜	Ginger
蒜	Garlic
洋葱	Onion
咖喱	Curry

肉桂　Cinnamon

糖　Sugar

甘蔗　Sugarcane

调味料　Seasoning

酱油　Soy sauce

大豆　Soybean

醋　Vinegar

纤维　Fiber

棉　Cotton

亚麻　Linen

纸　Paper

布料　Clothe

植物油　Vegetable oil

肥皂　Soap

橄榄　Olive

椰子　Coconut

向日葵　Sunflower

橡胶　Rubber

树胶、口香糖　Gum

木材　Wood

竹子　Bamboo

节庆　Festival

装饰　Decoration

南瓜　Pumpkin

圣诞树　Christmas tree

康乃馨　Carnation

百合　Lily

能源　Energy

酒精　Alcohol

燃料　Fuel

新视野学习单

1 请举出3种可以作为主食的植物。这些植物都含有大量的哪种物质，可以提供人类热量。

（答案在08—09页）

2 连连看，下面这些蔬果，依食用的部位各被划分为哪一类?

香菇·　　　　·根菜类
萝卜·　　　　·茎菜类
丝瓜·　　　　·叶菜类
大白菜·　　　　·花菜类
黄花菜·　　　　·果菜类
马铃薯·　　　　·芽菜类
豆芽菜·　　　　·食用菌类

（答案在10—11页）

3 柑橘、葡萄、香蕉及苹果是世界上产量前4名的水果，除了鲜食，你还想到哪些利用方式?

柑橘:
葡萄:
香蕉:
苹果:

（答案在12—13页）

4 是非题

（　）咖啡、可可和红茶的制作过程中，都经过发酵作用。
（　）用小麦及葡萄制酒，都会加入酒曲发酵，产生酒精。
（　）唐朝时陆羽因曾撰写《茶经》而被封为茶圣。
（　）《本草纲目》是中国最早的一部药书。
（　）很多西药也含有天然植物的成分。

（答案在14—17页）

5 连连看，下列这些节庆的代表植物各是什么?

圣诞节·　　　　·菊花
复活节·　　　　·玫瑰
母亲节·　　　　·南瓜
端午节·　　　　·艾草、菖蒲
万圣节·　　　　·柚子
情人节·　　　　·康乃馨
中秋节·　　　　·一品红、冬青
重阳节·　　　　·铁炮百合

（答案在30—31页）

6 植物油的用途有哪些？（多选）
1. 食用
2. 做清洁剂
3. 做保养品
4. 制造生物柴油
5. 制作酒精
（答案在24—25、32—33页）

7 芳香植物的香味来自于特殊腺细胞所分泌的精油，下列哪些"不是"芳香植物（精油）的利用方式？（多选）
1. 吸引昆虫
2. 驱离昆虫
3. 制作香水
4. 制作食品添加剂
5. 制作药品
（答案在18—19页）

8 是非题
（ ）枫糖的主要成分是蔗糖。
（ ）甜菜提炼出来的糖是葡萄糖。
（ ）酱油、味噌和豆腐乳都是以大豆为原料的发酵式调味料。
（ ）棉花是最早拿来做衣服的天然纤维。
（ ）竹子是南美洲印第安人常用来盖房子的材料。
（答案在20—23、28—29页）

9 天然树脂有哪些功用？（多选）
1. 可以帮助植物防止伤口的病菌感染。
2. 漆是天然树脂的一种，帮助器物不被氧化。
3. 人心果树胶主要作为黏着剂使用。
4. 橡胶是一种天然树脂，可以制作轮胎。
5. 口香糖是用橡胶树的树脂，加上糖和香料做成的。
（答案在26—27页）

10 目前以植物为原料发展出的新能源有哪些？（多选）
1. 将植物油转化为生物柴油，供汽车或发电燃料用。
2. 甘蔗以发酵方式产生酒精作为燃料使用。
3. 将植物进行光合作用时吸收的太阳能，转化成电子流，输出作为电能使用。
4. 植物干燥之后，直接燃烧产生热能。
5. 植物产生的氧气，可以作为燃料使用。
（答案在32—33页）

我想知道……

这里有30个有意思的问题，请你沿着格子前进，找出答案，你将会有意想不到的惊喜哦！

开始！

玉米最早是哪个民族的主食？
P.08

人类最早种植的粮食作物是哪一种？
P.09

哪一种物的食最多？

为什么有的豆腐乳是红色，有的是黄色？
P.21

人类最早是用哪种植物来织布？
P.22

古埃及人是用哪种布料包裹木乃伊？
P.22

太棒赢得金牌。

全世界最主要的蔗糖原料是哪种植物？
P.20

为什么用康乃馨来庆祝母亲节？
P.30

为什么中国人过节喜欢摆设菊花或金桔？
P.31

什么是绿色能源？
P.32

蔗糖和果糖，哪一种比较甜？
P.20

为什么万圣节是用南瓜做鬼灯？
P.30

用天然木材做建材有什么优点？
P.28—29

颁发洲金

太厉害了，非洲金牌也是你的！

蔗糖只存在于甘蔗吗？
P.20

全世界用量最大的精油原料是哪种植物？
P.18

芳香植物的香味是从哪里来？
P.18

川贝枇要是用物做

粮食作用人口
P.09

为什么要多吃蔬菜?
P.10

为什么水果会又香又甜?
P.13

不错哦，你已前进5格。送你一块亚洲金牌！

为什么葡萄很适合酿酒?
P.14

了，美洲

是谁最早利用植物纤维做成纸浆来造纸?
P.23

植物油和动物油的最大差别是什么?
P.24

啤酒的原料是什么?
P.14

太好了！
你是不是觉得：
Open a Book！
Open the World！

"肥皂"是根据哪种植物而命名的?
P.25

红茶和绿茶有什么不同?
P.15

大洋牌。

口香糖最早是用哪种植物的树胶做成的?
P.27

哪个国家最早使用漆?
P.26

"咖啡"一词原来是哪国语言?
P.15

巴膏主什么植戏?
P.17

中国最早的药书是哪一本?
P.16

获得欧洲金牌一枚，请继续加油！

哪个民族最早将可可做成饮料?
P.15

图书在版编目（CIP）数据

植物的利用：大字版 / 宋馥华撰文 . —北京：中国盲文
出版社，2014.5
　　（新视野学习百科；38）
　　ISBN 978-7-5002-5033-3

　　Ⅰ . ①植… Ⅱ . ①宋… Ⅲ . ①植物—青少年读物
Ⅳ . ① Q 94-49

中国版本图书馆 CIP 数据核字 (2014) 第 063912 号

原出版者：暢談國際文化事業股份有限公司
著作权合同登记号 图字：01-2014-2117 号

植物的利用

撰　　　文：宋馥华
审　　　订：郑武灿
责任编辑：计　悦
出版发行：中国盲文出版社
社　　　址：北京市西城区太平街甲 6 号
邮政编码：100050
印　　　刷：北京盛通印刷股份有限公司
经　　　销：新华书店
开　　　本：889×1194　1/16
字　　　数：33 千字
印　　　张：2.5
版　　　次：2014 年 12 月第 1 版　2014 年 12 月第 1 次印刷
书　　　号：ISBN 978-7-5002-5033-3/Q · 17
定　　　价：16.00 元
销售热线：　(010) 83190288　83190292　　　　　　版权所有　侵权必究

绿色印刷　保护环境　爱护健康

亲爱的读者朋友：

　　本书已入选"北京市绿色印刷工程—优秀出版物绿色印刷示范项目"。它采用绿色印刷标准印制，在
封底印有"绿色印刷产品"标志。

　　按照国家环境标准（HJ2503-2011）《环境标志产品技术要求 印刷 第一部分：平版印刷》，本书选用环
保型纸张、油墨、胶水等原辅材料，生产过程注重节能减排，印刷产品符合人体健康要求。

　　选择绿色印刷图书，畅享环保健康阅读！

北京市绿色印刷工程